新农村建设丛书 > 生产发展 / 生活富裕 / 乡风文明 / 村容整洁 / 管理民主

新农村农业信息网

XIN NONG CUN NONG YE XIN XI WANG ZHI SHI WEN DA

知识问答

段珍珍 编著

河北出版传媒集团
河北科学技术出版社

U0322201

图书在版编目（CIP）数据

新农村农业信息网知识问答 / 段珍珍编著 . -- 石家
庄 : 河北科学技术出版社，2017.4（2018.7 重印）
ISBN 978-7-5375-8291-9

Ⅰ . ①新… Ⅱ . ①段… Ⅲ . ①农业 – 信息网络 – 问题
解答 Ⅳ . ① S126-44

中国版本图书馆 CIP 数据核字 (2017) 第 030939 号

新农村农业信息网知识问答
段珍珍　编著

出版发行：	河北出版传媒集团　河北科学技术出版社	
地　　址：	石家庄市友谊北大街 330 号（邮编：050061）	
印　　刷：	天津一宸印刷有限公司	
开　　本：	710mm×1000mm　1/16	
印　　张：	10	
字　　数：	128 千字	
版　　次：	2017 年 7 月第 1 版	
印　　次：	2018 年 7 月第 2 次印刷	
定　　价：	32.00 元	

如发现印、装质量问题，影响阅读，请与印刷厂联系调换。
厂址：天津市子牙循环经济产业园区八号路 4 号 A 区
电话：（022）28859861　邮编：301605

　　农业信息网的建设是近年来国家关注的重点问题，它已然成为我国农业信息传播一个新的有力手段。现在，基于互联网的网络传播，作为继报刊、广播、电视之后新的大众信息传播手段，被称为第四媒体，在信息传播领域中的作用越来越大，具有内容和受众不受限、传播者和接受者可以实时互动、传播方式多样、反馈迅速等特点。毫无疑问，网络在农业领域的应用，同样发挥着极其重要的作用，它已成为农业科研、生产、商贸以及农村日常生活相关信息的重要传播手段。农民朋友借助网络可以了解国家最新的惠农政策，最新的技术应用，及时掌握有用的信息，同时提高产业技术和整体水平，网络已经成为农民致富的好帮手。

　　在本书中，您首先会了解到一些计算机和网络的基本知识。什么是农业信息网？农业信息化指的是什么？农业信息网主要传播的内容有哪些？农业信息网是怎么运作的？农业信息网有哪些类型？怎样更好地利用农业信息网？在农业信息网上怎么寻找有用的信息？亲爱的农民朋友们，这些您都了解吗？毫无疑问，如果您对农业信息网有了大致的了解，在了解致富信息，了解国家各种惠民政策，交友娱乐等许多方面必将比别人领先一步，方便快捷的网络世界，在如虎添翼般地助推您的事业的同时，您更会体会到网络世界的轻松与快乐。

因此，本书针对以上问题，主要介绍了农业信息网的相关知识和使用方法，以简练的语言对农业信息网的内容做出尽量准确的解释，解答您在使用农业信息网过程中可能出现的问题，为农民朋友使用农业信息网提供一个指南，使农民朋友对农业信息网的相关知识有一个最基本的了解。

由于时间仓促，作者水平有限，文中若有不足之处，热烈欢迎广大读者提出宝贵意见。

编　者

2015 年 10 月

目录/Catalogue

四、农业信息安全 …………………………………… 35

五、农业信息网站的服务 ……………………… 37

八、城镇农业信息化·······················97

九、农业信息网站的使用 ……………………… **125**

一、农业信息网络的相关知识

◆ **什么是计算机信息网络**？

计算机信息网络，是指将地理位置不同的具有独立功能的多台计算机及其外部设备，通过通信线路连接起来，在网络操作系统、网络管理软件及网络通信协议的管理和协调下，实现资源共享和信息传递的计算机系统。

◆ **计算机网络的分类有哪些**？

计算机网络经过 30 多年的发展，已经形成了一个庞大的体系。按照地理覆盖范围，可以分为局域网和广域网；按照网络的拓扑结构，又可以分为总线型、星型、环型、双环型和无规则型等；按照协议类型，还可以分为 TCP/IP、SPX/IPX、Appletalk、SNA 等等。

◆ **什么是网络传播**？

网络传播的定义是：以全球海量信息为背景，以海量参与者为对象，参与者同时又是信息接收者和发布者，并随时可以对信息进行反馈，它的文本形成与阅读是在各种文本之间随意链接、并以文化程度不同而形成各种意义的超文本中形成的。

网络传播具有三个最基本的特点：全球性、交互性、超文本链接性。

它是相对于三大传播媒体即报纸、广播、电视而言的，网络传播是指以多媒体、网络化、数字化技术为核心的国际互联网络，是现代信息革命的产物。

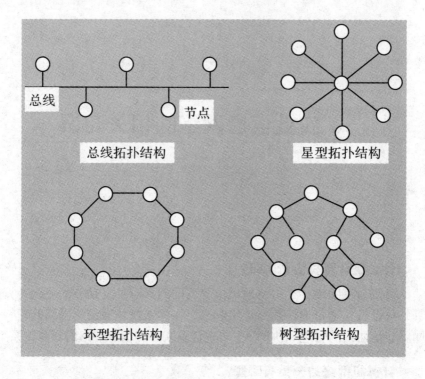

◆ 农业网络传播是怎么回事？

农业网络传播就是指通过计算机网络的农业信息传播活动。在农业网络传播中的信息，以数字形式存储在光、磁等存储介质中，通过计算机互联网高速传播，并通过计算机或类似设备阅读使用。农业网络传播以计算机通信网络为基础，进行信息传递、交流和利用，从而达到农业信息传播的目的。

◆ 农业信息化指的是什么？

农业信息化是社会信息化的一部分，它首先是一种社会经济形态，是农业经济发展到某一特定过程的概念描述。它不仅包括计算机技术，还包括微电子技术、通信技术、光电技术、遥感技术等多项信息技术在农业上普遍而传统的应用过程。农业信息化又是传统农业发展到现代农业进而信息农业演进的过程，表现为农业工具以手工操作或半手工操作为基础到以知识技术和信息控制装备为基础的转变过程。

农业信息化是现代信息技术向农业领域渗透的表现，将在农业现代化过程中起到重要的作用。它主导着未来一个时期农业现代化发展的方向，是农业现代化的标志和关键。农业信息化是指通过对农业信息的收集、加工、处理、分析，使其准确、便利地传递到农民手中，实现农业生产、管理、农产品营销信息化，大幅度提高农业生产效率、管理和经营决策水平的过程。

农业信息化是整个国民经济和社会信息化的重要方面，农业信息化就是以信息媒体技术装备农村相关领域，使信息资源在农村得以充分开发、应用，加快农村经济发展和社会进步的过程，逐步由农业社会向信息社会过渡。

◆ **农业信息化的重要性表现在哪些方面？**

（1）能有效地拓展农业信息的来源，实现农业信息的深层次开发和利用。

（2）能最大限度地满足农产品市场需求，是实现农业信息广泛共享的有效途径。

（3）推动我国农业产业化发展，实现农业的自动化、信息化和高效化。

（4）进一步促进现代农村远程教育工程建设。

（5）极大地促进我国农业科研成果的转化和农业技术的推广。

（6）进一步促进农村经济繁荣和农民增收。

◆ **什么是农业信息网？**

农业信息网是以农业产业为主要内容或服务对象的网站，也包括主要内容或服务涉及农业产业的网站，在我国农业现代化中发挥着巨大的作用。

◆ **农业信息网传播的内容有哪些？**

农业信息网传播的内容主要是：

（1）农业新闻。就是发生在农业领域的新近实施变动的信息。由于农业、农村和农民具有三位一体的特点，因此发生在农业领域的新闻必然和农村、农民有着密切的关系。其具有新闻性、季节性、区域性和弱时效性等特点。

（2）农业经营管理信息。是指农业结构、生产措施、苗情、病虫情况及气象预报等信息，主要包括农业生产的信息、农业经营的信息、农业管理决策的信息等。

（3）农业科技信息。主要包括种植、养殖、农副产品加工等实用技术信息。具体来说分为六类：①气象信息；②分析诊断信息；③栽培管理技术信息；④品种管理信息；⑤病虫害信息；⑥生产资料信息。

（4）农业生产市场经济信息。是指描述农业市场动态、反映农业市场价格、沟通农业市场供求和解释农业市场运行规律、趋势的预测预警信息。它可以分为有关的基础性信息、综合性信息、动态性信息和分析预测性信息。

（5）农业政策和法规信息。政策和法规的指导和约束在农业发展中占有重要的位置，这在我国尤为突出，是农业信息中的一项重要内容，农业政策和法规具有宏观调控性、长期性和保障性的特点。

◆ 农业信息网传播内容的特点是什么？

农业信息网传播内容有以下特点：

（1）多样性。农业信息用户的需求由于受社会环境和用户本身多种因素影响，呈现出多样化的结构。表现为：不同目的的信息需求并存；不同持续时间的信息需求并存；不同学科的信息需求并存；不同载体的信息需求并存；不同文献类型的信息需求并存；不同语种的信息需求并存。

（2）时效性。主要是指通过网络提供的农业技术信息、农业生产信息、农业市场信息等，这些信息应该和农业生产保持一致，并能够及时地为农业服务。在加速发展的现代化社会，信息的效益与其所提供使用的时间快慢成正比，失去时效性就会失去其实用价值。如果有价值的信息失去时效性，就会变得无人问津。

（3）价值性。随着农业信息网的出现，不少精明的农民纷纷上网，开始搜集网上信息、利用信息，围绕市场信息进行种植、养殖。所以农业信息网传播内容具有一定的价值性，这样才能加快农村的发展，增加农民的收入。

◆ 网络农业信息的特点是什么？

一般来说，网络农业信息有如下特点：

（1）数字化、网络化。网络农业信息是以计算机可识别处理的数字形式存储于网络中，并通过计算机及通信设备传播。其存储的数字化和传播的网络化，打造了一个让世人瞩目与共享的"无端图书馆"。

（2）多样性、丰富性。网络农业信息既有文本式文件，又有多媒体音响资料，形式多样，内容丰富。

（3）数量大、增长快。据统计，因特网每天发布14万条新的信息。

（4）虚拟性、离散性。农业信息由网络虚拟信息资源和实体信息资源组成。网络信息内容丰富，极不规范，处于无序和不确定状态，有较大的自由度和随意性。

（5）开放性、共享性。网络农业信息的传递与交流不受时间、空间的限制，任何信息机构都能够在网上发布和获取信息，网络信息对所有人开放，实现了全球的资源共享。

（6）便捷性、高效性。农业网络信息的检索途径方便灵活、快速便捷，已成为我国农业发展和农业教育科研中不可或缺的"精神食粮"，给人们带来了很大的效益。

◆ 农业网络信息的类型有几种？

（1）电子邮件型信息。即由E-mail发送的农业信息，如：农业科技报告、论文、文献目录。

（2）网络化的农业信息。网上的农业信息有很多，如书目、期刊索引、电子书。

（3）网络数据库农业信息。主要包括农业专业数据库、联机综合数据库和专利数据库。

（4）网络电子期刊。如：USDA/Publication、AgricolaPlusText。

（5）涉农院校、研究机构、协会及学会的网站。如：中国农业信息网、中国农业在线。

（6）企、事业网站。如：上海益农信息技术公司建立的饲料及畜牧业门户网站——益农网。

（7）虚拟图书馆。如：W3C 的农业虚拟图书馆。

◆ 农业信息网的传播方式包括哪几种？

（1）人际传播。所谓人际传播是指个人与个人之间的信息传播活动，也是由两个个体系统相互连接组成的新的信息传播系统，是一种最典型的社会传播活动，也是人与人社会关系的直接体现。具有直接性、广泛性、偶然性、保密性、多重性、及时性的特点。主要采用 E-mail（电子邮件）和网上聊天的方式实现。

（2）群体传播。所谓群体传播就是将共同目标和协作意愿加以连续和实现的过程。其具有成员身份公开性和匿名性并存，重新赋权，群体压力程度与成员对群体的认可度有关的特点。

（3）组织传播。所谓组织传播指的是组织所从事的信息活动。它包括两个方面：组织内传播和组织外传播。其具有内部协调、指挥管理、决策应变、形成共识的功能。主要采用下行传播、上行传播和横行传播的方式实现。

（4）大众传播。所谓大众传播是指专业化的媒介组织运用先进的传播技术和产业化手段，以社会上一般大众为对象而进行的大规模的信息生产和传播活动。其具有环境监视、解释与规定、社会化、提高娱乐的功能。特点是信息发布的"门槛"低、资源的无限性、传播的跨国界和传播的灵活性。

◆ 什么是农业信息的传播者？

农业信息的传播者是利用互联网传递涉农信息的人。根据传播的目的，他们负责搜集涉农信息，根据自己的经验、文化背景、技术水平对农业信息进行编码，转化成可以传递的符号，并通过互联网传递给广大网络受众。

传播者是传播行为的发起者，是以发出信息的方式主动作用于他人的人。传播者是信息来源的制作者，决定传播的目的。他们的主要任务是信息的收集、加工、传递和对反馈的反应。他们主要是由以下群体构成：政府农业人员、农业教育工作者、农业信息服务者、农业媒介工作者、农业专业技术人员。

◆ **目前农业信息传播者在哪些方面有待优化？**

（1）整体素质有待提高。农业信息传播者是农业信息的发起人，是农业信息内容的决定者。但是由于社会对经济利益的追逐导致大量优秀的农业人才流失，缺少高学历的相关人才。

（2）人员结构需要合理化。我国在编农业推广人员的结构也不甚合理，县乡级比重较小。

（3）业务素质包含应更加广泛。农业信息传播者除了熟悉专业的信息方面的基本概念和知识，还要具备农业专业基础知识、农业政策与法规、信息技术等方面的知识。

◆ **什么是农业信息的接受者？**

接受者，是一个集合概念，是报刊读者、广播听众、电视观众、网络网民的统称，是一切通过大众传播媒介接受信息的人。农业信息的受众，指的就是一切通过大众传播媒介接受农业相关信息的人。不论是国家元首、社会名流，还是工人、农民、知识分子，只要是从大众传播媒介接受相关农业信息的人，都可成为农业信息的受众。这里包括已经接触到大众传播媒介的"现实受众"和未接触传播媒介但有视听阅读能力的"潜在受众"。

◆ **农村信息接受者的特点有哪些？**

（1）接触大众媒介的模式发生了变化。20世纪90年代初，农村接触信息媒介主要是广播，随后发展成为电视，现在正逐步向网络发展。

（2）比起城市受众，农村受众的接受信息能力较低。接受信息能力的强弱，取决于受众的文化水平和知识结构。不同文化水平的人对同一条信息分析、判断和理解能力也相差甚远。农村受众整体的文化素质比较低，限制了其接受新知识、新观念、新技术的能力。

（3）表达自我意见能力比较低。农村百姓的自我意识薄弱，不懂得作为国家的主人翁，拥有利用新闻媒介发表意见的权利。

◆ 农业信息网站是怎样工作的？

农业信息网站的内容包含文本、声频、视频、动画等数据，这些数据，经过一种专门的标记语言（HTML）标记后，再通过一种专门的技术——超链接（hyperlink）互相链接，形成一种特殊的文本——超文本（hypertext），超文本之间、网站之间可以互相访问，从而形成一个分布信息系统——超媒体系统（hypermedia）。超链接是采用 URL 技术实现的，URL 是从 INTERNET 上获取资源的位置和访问方法的表示方式。

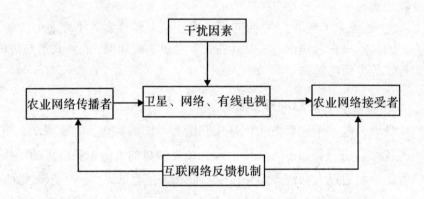

◆ 农业信息网站有哪些作用？

（1）信息浏览。信息浏览的功能是通过 WorldWideWeb（WWW）技术来实现的，WWW 是利用客户／服务器模式进行信息存储、检索、处理的一系列标准，它采用易于浏览的图形用户界面，基于超文本语言，实现存储与自身或其他计算机内的多媒体语言的链接。

（2）信息发布。农业信息网是农民和其他人获取有关农业、农村和农民相关信息的重要资源，因此，信息的发布是网站最重要的功能之一。

（3）交流。农业信息网站为用户提供了一个交流的平台，有助于信息的获取和反馈，其与人际交流相似，是虚拟的人际交流，但交流范围更广，速度更快。在线互动论坛，是通过网络实现的人际传播，在很多方面，比人际交流更吸引人。

（4）信息查询。随着科技的发展，信息资源和知识的共享才能促进农村更好的发展，农民对相关问题产生疑问或者兴趣，可以在农业信息网上进行查询，获取知识和信息。

◆ 农业信息网站由哪几部分构成？

从功能角度划分，农业信息网站由以下部分构成：

（1）农业信息浏览。网站浏览已成为通过因特网获取信息的最重要方法之一。因特网实质上就是一个由大量网站构成的巨大信息宝库。通过图形化的浏览工具，用户在地址栏输入网址便可以查看到网站上的信息。

（2）电子邮件。电子邮件是与传统邮件类似的信息传播工具，通过因特网，以电子形式传播。与传统邮件相比，电子邮件具备速度快、使用方便、功能强、传播内容丰富、实时性强、保存查阅更方便的优点。

（3）文件传送。文件的上传与下载是通过 FTP 实现的。FTP 是因特网上通行的文件传输协议，允许用户与网络之间通过计算机文件方式传送信息，信息内容可以是文字、图片、音频、视频或二进制数据。

（4）网上论坛。包括在线论坛和非在线论坛两种，其与人际传播相似，是虚拟的人际传播，但传播范围更广，速度更快。

（5）网络音频、视频传播。因特网能够提供非实时的音频、视频信息，这是因特网有别于传统大众传媒的重要特点。这些信息需要提供专门工具才能播放。

（6）农业信息搜索。由于网络发展迅速，网站数量急剧增加，信息量巨大，任何人都不可能浏览所有的网站，对用户有用的信息可能被无用的信息淹没，于是在网上出现了很多为用户提供信息搜索功能的网站。

（7）在线培训与学习。是指基于因特网的远程教育，又称网络教育。这一教育方式具备基于广播、电视的远程教育的优点，即范围广泛、时间灵活、学员复杂，可以充分发展正规教育的现有资源。

（8）农业电子商务。这是因特网在商务领域的应用，即通过计算机和网络来完成商品或者产品的交易、结算等一系列商务活动及实现行政管理作业的一整套过程。

◆ 农业信息网站有哪些类型？

从网站的服务内容和服务对象角度，可以分为以下几种类型：

（1）综合性农业网站。这类网站涵盖农业领域的各个方面，一般由官方部门主办，为农业及相关领域从业者提供领域范围的信息。

（2）农业经济信息类网站。这类网站所占的比例比较大，适应当今社会农业经济发展迅速的需求，主要由传统媒体机构、专业研究机构和公司企业主办。

（3）农业科技新闻类网站。这类网站以报道为主，搜集、整理、存储农业领域的相关信息提供给业界用户，主要由传统报刊媒体部门主办。

（4）农业科技推广类网站。以农业科技知识普及、最新农业科技成果推广为主，主要由科研部门、政府部门和有关科技协会主办，这类网站最能发挥因特网的优越性。

（5）农产品贸易类网站。即电子商务在农业领域的应用。通过网站，为买卖双方提供一个交易的平台，用户可在此从事商品交易，由于其非常适合农业地域广阔、人员分散的实际，因此具有很大的发展潜力。

（6）农业企业网站。网站作为现代企业的重要标志之一，在提高企业形象、扩大企业影响力方面，发挥着越来越重要的作用。因此，各农业企业纷纷建立自己的网站，宣传、推广自己的产品和企业，不仅扩大了产品销售范围，还极大地降低了成本。

（7）农业资源库网站。农业网站之所以能迅速发展，主要推动力在于其无限的信息，其中各类信息资源库是信息的重要来源之一。资源库步入农业网站，为更多的用户提供服务。

（8）农业专业系统网站。专业系统指应用于计算机开发的各种应用软件。这类系统，在单机形式下，安装在网络服务器上，由网站统一管理，使用较为方便，非常受欢迎。

二、农业信息网站的设计

◆ **农业信息网的建设由哪些方面构成**？

农业信息网的建设一般由以下几个方面构成：

（1）项目经理。负责整个网络建设项目的组织和管理。

（2）领域专家。由相应的农业专家组成，负责参与受众需求分析和网站建设的内容。

（3）系统分析与系统设计人员。由高级网站建设领域专家组成，负责系统规划和功能设计。

（4）系统开发人员。由计算机专业人员、美术编辑等专家组成，负责网站应用程序开发、页面设计、系统安装。

（5）系统测试人员。由网站相关人员组成，负责对网站进行功能、性能、安全等各方面的测试。

（6）系统管理人员。由计算机专业人员和信息处理人员组成，负责对网站进行日常的管理与维护。

（7）法律顾问。由法律专家组成，负责网站设计的法律问题的咨询和诉讼。

◆ **农业信息网站的建设经历了哪几个阶段**？

（1）1997 年以前，网站以静态网页为主，规模较小，机构简单，网站建设以个人或少数人合作为主，这时的农业网建设缺乏整体的规划设计。

（2）1998 ~ 2001 年，网站结构日趋复杂，交互性内容增多，网站建设开始分成不同的工程任务小组，这是所谓的分工合作时代。

（3）2002 年以后，网站成为各种应用系统的平台，农业信息网站规模呈爆炸性增长，这时出现了所谓的网站危机。

◆ **农业网站的设计主要采取什么方式**？

目前，农业信息网站的设计主要采用瀑布模型。

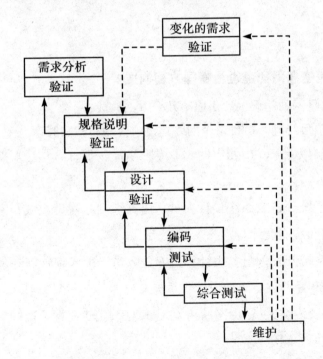

瀑布模型，又称传统生存周期，首先是对整个网站项目做统一精确地规划设计，后期只需严格按照计划进行即可。

其缺点是：一旦前期规划有问题，往往需要对整个工程做重大的修改，这对很多项目来说，后果是灾难性的。

◆ **农业信息网站建设的基本特点是什么？**

（1）目标不明确，任务边界模糊，质量要求难以量化。

（2）客户的需求因不断地被激发而频繁变动，导致项目的进度、费用等计划不断更改。

（3）网站建设是智力密集、劳动密集型的活动，受人力资源的影响很大。

（4）网站的建设，特别是网页的开发渗透了人的因素，带有较强的个人风格。

农业信息网站建设的失败率很高，原因有哪些？

农业信息网站建设失败率高的主要原因有：①忽视客户不断变化的需求；②没有完整的历史档案；③忽视监督建设进度；④忽视不断地测试和修改；⑤缺乏专业的建设管理软件，靠主观决策。

◆ **农业信息网站的平台由哪几部分构成？**

（1）网络平台。主要包括局域网环境（LAN）和广域网环境（WAN）。局域网环境主要由布线系统、局域网交换机构成，为网站提供高效、安全的内部网络环境。广域网环境主要由路由器、INTERNET 接入线路构成，为外部用户访问网站提供通道。

（2）服务器。其是网络上能够为客户提供资源的一类设备的总称，是网站运行的核心部分。

（3）协议。网络协议是指由国际专门机构批准，厂商和客户必须遵守的规定和规范。

（4）数据和程序。其是网站信息资源的载体。

（5）网站安全设备。主要有防火墙、入侵检测系统、防病毒系统等。

（6）管理设备。主要有网站管理系统、网络监视系统等。

（7）附属设施。包括供电系统、安全接地系统、调温调湿系统等。

◆ **农业信息网站平台的需求分析阶段，主要有哪些内容？**

（1）现状分析。就是对网站建设环境的当前状况进行评估，评估内容包括网络布线系统、网络设备、服务平台等设施。

（2）功能分析。其目的是通过明确网站功能来确定网站平台所需要的设备和技术。

（3）性能分析。其要确定网站投入运行多少来提高用户的服务水平。

（4）技术分析。其是提供对当前业界流行网站技术的全面了解，确定网络平台所需采用的技术。

（5）行业分析。主要是对产品的市场价格、市场表现和生产厂家的发展状况进行分析。

（6）经费分析。是对网站的投入成本进行分析。

（7）网站管理人员分析。其目的是把对网站运行后网站管理人员状况的分析，作为网站所采用的设备和技术的参考。

◆ **农业信息网站平台建设有哪几种途径？**

（1）虚拟主机。其是将本单位网络业务外包给专业单位，由专门的网站服务提供商提供设备和资源。特点是投资少，建设时间短，但是受服务提供商的限制。

（2）主机托管。是由专业主机托管服务提供商管理本单位自行设置的服务器，并提供相应的通信宽带。其优点是节省投资，比较灵活。缺点是服务质量受制于服务提供商，不利于拓展业务。

（3）独立建设。这是自行建设、开发，拥有独立的设备和资源，所有设备均由自己管理。优点是硬件和软件均由自己控制，便于开发、维护、管理。缺点是投资大，并且要求有很强的技术力量。

◆ **从页面分析，农业信息网站由哪几部分构成？**

（1）主页。也就是网页的首页，通常指当用户通过网址访问网站时，所看到的第一个画面。主页是用户访问一个网站的门户，是整个网站的逻辑起点。其设计极为重要，通常将重要的内容放在主页。